AF454473

INSTRUCTION

SOMMAIRE

SUR

LA MALADIE DES BÊTES A LAINE

Appelée POURRITURE.

INSTRUCTION SOMMAIRE

SUR

LA MALADIE DES BÊTES A LAINE

Appelée POURRITURE.

Plusieurs de nos départemens ont le malheur d'éprouver des mortalités considérables sur leurs bêtes à laine. Les mérinos, race si précieuse à conserver et à multiplier, n'en sont pas plus exempts que les autres. L'utilité de tous ces animaux, dont nous tirons une partie de nos subsistances et la principale matière de nos vêtemens, rend ces pertes extrêmement fâcheuses, et engage à en développer les causes pour arrêter, s'il est possible, leurs effets.

La maladie qui donne lieu à ces ravages est décrite dans différens ouvrages (1); elle est géné-

---

(1) Voyez dans les Instructions vétérinaires, tome II, le memoire de M. *Chabert*.

L'Instruction sur les bêtes à laine, et particulièrement sur la race des mérinos; par M. *Tessier*.

L'Instruction pour les bergers et pour les propriétaires de troupeaux, par *Daubenton*.

Ces ouvrages se trouvent chez Madame *Huzard*, imprimeur-libraire, rue de l'Éperon, n°. 7, à Paris.

ralement connue sous le nom de *pourriture*. Nous n'en exposerons ici les principaux symptômes que pour les personnes qui ne l'auraient pas observée dans ses détails et qui pourraient la confondre avec d'autres ; les voici :

Symptômes.

La marche de l'animal est lente : il a le museau, les lèvres, les gencives et la langue pâles ; les veines de l'œil sont décolorées, la laine ne tient que très-peu à la peau ; quand on le prend, il ne fait que peu ou point d'efforts pour échapper : si on appuie la main sur ses reins, ils plient et ne résistent pas. Le soir, au retour des champs, on aperçoit sous sa ganache un gonflement molasse auquel on a donné vulgairement le nom de *bouteille ;* ce gonflement est de mauvais augure et l'annonce d'une fin prochaine ; peu-à-peu les principes de la vie s'éteignent, l'animal languit, tombe dans le marasme et meurt sans paraître souffrir.

Ouverture des animaux.

A l'ouverture, on trouve de l'eau épanchée dans la poitrine, dans le bas ventre, dans le péricarde et dans la tête ; les membranes sont infiltrées, les viscères blafards, les glandes engorgées ; des hydatides, ou poches d'eau, sont parsemées dans le mésentère, l'épiploon, la plèvre, les poumons et le foie : celui-ci est obstrué, quelquefois décomposé et comme pourri ; il s'y rencontre des vers plats, souvent en très-grand nombre, logés dans les pores biliaires et appelés *douves*. Si, pendant sa maladie, l'individu a été tourmenté d'une toux fréquente, l'intérieur des bronches contiendra des *crinons*, espèce de vers, petits, longs et déliés.

Causes de la maladie.

La constitution des bêtes à laine les dispose à la pourriture ; elles ont la fibre molle et le tissu cellulaire lâche, ce qui les rend plus sujettes aux infiltrations.

Les localités basses, les vallées, les marécages, les endroits abrités par des bois, développent chez elles cette maladie, parce que, dans ces sortes de lieux, les pâtures et l'atmosphère sont toujours plus ou moins humides.

Elles la contractent dans les plaines et sur les hauteurs, lorsque les saisons ont été pluvieuses, lorsqu'on les mène paître trop matin, avant que la rosée soit entièrement dissipée, ou trop peu de temps après qu'il est tombé de l'eau, ou qu'on ne les rentre pas assez tôt.

Elles la contractent dans les pays chauds et

secs , même, lorsque échauffées par les herbes aromatiques qu'elles broutent, on les laisse boire abondamment.

Elles la contractent dans les prés salés, sur les bords de la mer, et même dans les bergeries, lorsqu'un usage trop long-temps continué du sel les excite à s'abreuver outre mesure.

Elles la contractent encore dans les temps de disette, lorsque, faute d'avoir de quoi les affourager matin et soir, on les fait vivre *uniquement* de l'herbe des champs ou de racines aqueuses, telles que navets, betteraves, pommes de terre ; ou lorsqu'on ne leur donne que des pailles rouillées , échauffées et moisies , des foins vasés, lavés , etc.

Enfin, elles la contractent par le pareage sur des terres froides et mouillées, sur-tout dans des saisons humides ou rigoureuses, n'étant pas alors nourries suffisamment d'alimens de bonne qualité. Les effets du parcage sur les animaux sont plus dangereux dans les sols où la glaise est près de la superficie et recouverte d'une légère couche ou de sable ou de gravier, ou de terre végétale ; l'eau qui ne peut pénétrer la couche de glaise reflue sans cesse au-dehors, et produit des rosées et des brouillards plus communs que partout ailleurs.

Observations.

Le développement de la pourriture est long à s'effectuer. Les accidens ne suivent pas de près l'invasion ; ce n'est qu'insensiblement que la maladie avance : on ne la juge sûrement que quand elle a fait de grands progrès.

Bien des fois on a indiqué aux propriétaires de troupeaux les précautions à prendre pour l'éviter ; ils y ont fait trop peu d'attention : c'est de loin qu'il faut prévenir les mortalités. Les négligences dans ce genre sont souvent punies et suivies de pertes qu'on ne peut arrêter. La classe des bergers, la plupart routiniers et pleins de préjugés, a besoin d'être très-surveillée. Ils ne connaissent qu'une chose, c'est que leurs moutons aillent aux champs et en reviennent bien remplis et rebondis, sans penser que quelquefois l'herbe qu'ils y ont prise par le mauvais temps leur est plus nuisible que profitable.

Si l'on a raison de blâmer les propriétaires de se conduire ordinairement et habituellement aussi mal pour leur intérêt, on aurait tort de les condamner dans les circonstances actuelles (hiver de 1816), que personne ne prévoyait ; car ils se sont trouvés dans l'alternative forcée, ou de faire sortir leurs troupeaux pendant ou immédiatement après la pluie, ou de les laisser mourir de faim, les provisions étant épuisées avant la récolte, malheureusement retardée au-delà de tout ce qu'on imaginait.

Cet état de choses a été aggravé par la détérioration des fourrages nouveaux, qui sont pour la plupart rouillés, mal séchés et échauffés dans les fenils, et par le peu qu'en ont fourni sur-tout les prairies naturelles à cause des débordemens fréquens et répétés de toutes les rivières.

Qui ne voit, dans cet exposé, l'influence que doivent avoir sur les mortalités dont on se plaint, la mauvaise qualité et l'insuffisance des fourrages? Si l'on y fait attention, peut-être, dans certains troupeaux, reconnaîtra-t-on parmi les brebis portières qui avortent, nourrissent mal ou périssent, celles qu'à l'approche des troupes étrangères on a été contraint de faire bivouaquer dans les bois, où elles ont beaucoup souffert du besoin et de la rigueur des saisons.

La pourriture emporte d'abord les agneaux, ensuite les antenois, puis les mères brebis, et enfin les moutons et les béliers, en raison de la force des individus.

Elle n'est point contagieuse; si elle l'était, en isolant les bêtes qui en seraient attaquées, on pourrait espérer d'en garantir un grand nombre des autres. Les mêmes causes agissent à-la-fois sur tous les troupeaux d'un pays, ou sur tous les individus d'un troupeau ; quelques-uns des animaux qui les composent échappent à la mort, le surplus y succombe plus tôt ou plus tard.

Traitement.

On ne doit pas se flatter de guérir les bêtes à laine affectées de la pourriture à un degré avancé. On pourrait peut-être, par des fortifians et des alimens sains et choisis, parvenir à redonner du ton aux fibres relâchées, et par conséquent à évacuer les eaux amassées dans les cavités du corps, ou à les faire resorber par les vaisseaux ; mais il faudrait que les remèdes et le régime fussent capables de recréer pour ainsi dire des organes ou des viscères macérés, décomposés et détruits, le foie, par exemple : il est aisé de sentir que cela est impossible.

Mais si les animaux ne sont que menacés ou encore peu affectés de la maladie, il y a des moyens de les en préserver et de les rétablir ; c'est à cela qu'on doit se réduire et s'attacher. Ces moyens sont simples ; nous allons les indiquer.

Soins et régime.

On écartera d'abord les causes qui donnent la

pourriture, c'est à dire, que l'on mettra les animaux à l'abri de toute humidité.

On leur procurera, autant qu'il sera possible, une bonne nourriture, partie en fourrages secs, partie en provende composée d'avoine, de pois, de vesce, de gesses, etc.

On ajoutera à ces mesures, qui sont indispensables, l'usage d'une ou de plusieurs des substances suivantes, parmi lesquelles chacun choisira celles qui seront le plus à sa portée et au meilleur marché, en les combinant et les dosant, relativement aux circonstances et aux âges des animaux.

Le vin est la première qui se présente ; le blanc conviendrait mieux que le rouge : on en fera avaler à l'animal un petit verre le matin, ayant soin de ne pas lui lever trop la tête, crainte de l'étouffer ; le cidre et la bière peuvent remplacer le vin. Nous ne nous dissimulons point que le vin étant très-cher maintenant, il y a peu de propriétaires qui veulent l'employer à cet usage ; ce ne serait que pour des bêtes à laine de prix qu'on pourrait le proposer ; au reste, nous parlons ici pour tout le monde et pour toutes les années.

Puisqu'il s'agit de prévenir une maladie dont un des caractères est la faiblesse, les aromats sont bien indiqués ; un des plus faciles à trouver et des plus puissans est le *poivre* ; on en mettra trois décagrammes (une once) en grains infuser pendant vingt-quatre heures dans un litre (une pinte) de vin, ou de cidre ou de bière, après quoi on passera la liqueur, qui pourra être donnée à douze bêtes. Afin de ne rien perdre, le poivre, retiré de l'infusion, sera également partagé et distribué entre douze autres bêtes.

Au lieu de vin et de poivre, dont la cherté pourrait effrayer, on se servira d'une forte infusion de plantes aromatiques, telles que thim, ou serpolet, ou lavande, ou sauge, ou romarin, ou sarriette, ou toute autre de la même famille, également à la dose d'un verre par animal. On observera que l'infusion de poivre ou de plantes aromatiques doit être donnée trois ou quatre jours de suite seulement, suspendue après pendant le même temps, et reprise quelquefois encore par intervalles.

On a conseillé les graines ou baies de genièvre ; nous les approuvons très-fort ; il faut les mêler en faible quantité, et un peu de suite, avec la provende. Les bêtes les refusent d'abord, mais il faut persister ; elles s'y accoutument bientôt.

Il en est de même des racines de gentiane, d'aunée et de chicorée sauvage qu'on a séchées et réduites en poudre. Les bêtes à laine se trouveraient bien aussi de manger, si on pouvait leur en procurer, de la tanaisie, de la germandrée, de l'absynthe, etc., plantes amères qui sont stomachiques, et par cette raison toniques.

Le fenugrec ou sénégrain a aussi été proposé ; c'est un bon aliment qui peut faire partie de la provende, comme les pois et les autres graines légumineuses.

On peut employer de même le gland, les feuilles de chêne, les sommités de genevrier et de genêt avec leurs gousses ; ce sont des alimens fortifians et astringens, qui peuvent compenser les mauvais effets d'une nourriture trop aqueuse.

Quoique le sel ait toujours été recommandé, cependant bien des gens se sont abstenus d'en donner à leur bétail ; les uns parce qu'ils n'étaient pas convaincus de son utilité ; les autres, par insouciance ; d'autres, à cause du prix de cette denrée. En sa qualité d'apéritif, il paraîtrait devoir servir comme un des préservatifs de la pourriture ; l'excès seul en est à craindre ; on peut donc en faire usage, soit dans la provende, soit en suspendant au-dessus des râteliers des sachets qui en contiendraient, et que l'on aurait un peu mouillés pour que les animaux puissent les lécher, soit en le faisant fondre dans la boisson. Il n'est pas toujours nécessaire d'employer le sel

marin ou sel de cuisine ; le sel marin, à base ter-
reuse, des salpêtriers, et le sel de verre, pro-
duiraient le même effet. On peut en donner un
demi-kilogramme (une livre) par jour pour cent
bêtes.

Enfin, le fer est un désobstruant très-renommé
qu'on peut faire concourir avec les autres préservatifs de la pourriture ; il suffit de mettre dans
les baquets d'eau destinés à la boisson des bêtes
à laine de vieux morceaux de fer rouillés, ou
du mache-fer de forge, ou du vitriol vert. Un ou
deux hectogrammes (trois à six onces) de ce vitriol
par seau sont la quantité convenable. Lorsqu'on
change l'eau des baquets, on doit toujours y laisser
les morceaux de fer rouillés.

Nous recommandons aux propriétaires d'exiger
de leurs bergers qu'ils ne laissent pas boire leurs
troupeaux dehors, mais seulement à la bergerie
où ils trouveront l'eau préparée et où ils n'en
prendront que ce qu'il faut ; et qu'ils ne les mè-
nent aux champs qu'après leur avoir donné une
affourée, ou une provende sèche.

Nous leur recommandons encore la propreté,
la sécheresse des bergeries, et de donner aux
animaux le plus d'air possible. Il faut fortifier ;
le grand air, le froid même ne sont pas à craindre ;
il n'y a de redoutable que l'air humide et chaud,

qui relâche et qui tue, dans les bergeries fermées et encombrées de fumiers.

Nous les invitons à user des moyens que nous venons d'indiquer, et sur-tout à persévérer dans leur emploi : ce sont les vrais préservatifs de la pourriture. Il ne faut pas perdre courage, les sacrifices que l'on fera, en soins et en dépenses, seront amplement payés par la valeur qu'acquerront les bêtes qu'on aura le bonheur de conserver.

> HUZARD, *inspecteur général des Écoles royales vétérinaires, et membre de l'Académie royale des sciences.*

> TESSIER, *inspecteur général des bergeries royales, et membre de l'Académie royale des sciences.*

Imprimerie de Madame HUZARD (née VALLAT LA CHAPELLE).
Janvier 1817.